AF602332

LES
POIDS & MESURES
DES
PRINCIPALES PLACES DE COMMERCE
DE L'EUROPE,
Réduits en Poids, Mesures & Argent
DE FRANCE,
Sur toute sorte de prix de Changes.

ACQ. 42.644
BENNEQUIN

PREMIERE PARTIE.

Dans laquelle on trouve sans calculer le prix auquel revient l'AUNE, ou la CANNE, & la LIVRE pesant des marchandises qu'on peut tirer de toutes les Villes du Royaume.

AVEC

La maniere de faire les operations par Regle.

Utile à tous les Marchands.

*Par le Sieur G****

A PARIS,

Chez { JACQUES ESTIENNE, ruë S. Jacques, au coin de la ruë de la Parcheminerie, à la Vertu.
&
JEAN-BAPTISTE-CLAUDE BAUCHE le fils, Quay des Augustins, à saint Jean dans le Desert.

M. DCCXXVI.

Avec Approbation, & Privilege du Roy.

AVERTISSEMENT.

CE Traité des Poids & Mesures qu'on donne au Public est un des plus utiles qui ait paru.

On y trouve sans calculer le prix auquel revient l'AUNE & la LIVRE de toutes les marchandises qu'on peut tirer ou envoyer dans les principales Villes du Royaume.

Pour que les calculs soient justes, on a été obligé de reduire les Aunes en Lignes, & les Livres en Grains.

Réduction des Aunes en Lignes.

L'Aune de	PARIS &c.	a 3 pieds	8 pouces	ou	528 lignes.
	TROYES	a 2	5	4 l.	352
	AMIENS &c.	a 2	2	4 l.	316
La Canne de	MARSEILLE &c.	a 6	1	4 l	880
	TOULOUSE &c.	a 5	6		792

Réduction des Livres pesant en Grains.

		Onces.	*Gros.*	*Grains.*
La Livre de	PARIS	16	128	9216
	LYON	$13\frac{3}{4}$	110	7920
	ROUEN	$16\frac{5}{8}$	133	9576
	LA ROCHELLE	$16\frac{4}{25}$	129	9288
	MARSEILLE	13	104	7488
	MONTPELLIER	$13\frac{1}{3}$	106	7680
	TOULOUSE	$13\frac{14}{25}$	108	7779
	AMIENS	14	112	8064

Maniere de faire les operations des Aunes par Regle.

L'Aune d'une certaine marchandise coûte à PARIS 100. liv on demande à combien reviendra l'Aune d'AMIENS.

Dites par une Regle de Trois,

Si 528. lignes dont l'Aune de Paris est composée coûtent 100. l. combien coûteront 316. lignes égales à l'Aune d'Amiens,

La Regle faite on aura pour réponse 59. liv. 16. s. 11. den. pour le prix de l'Aune d'Amiens ; ainsi qu'on le voit à la premiere Table des marchandises qui se vendent à l'Aune page 1 à la colonne d'Amiens.

CONTRAIRE.

L'Aune d'une certaine marchandise coûte à AMIENS 100. l. on demande à combien reviendra l'Aune de PARIS.

Dites par Regle de Trois,

Si 316. lignes dont l'Aune d'Amiens est composée coutent 100. l. combien coûteront 528. lignes égales à l'Aune de Paris ?

La Regle faite on aura pour reponse 167. liv. 1. s. 9. d. pour le prix de l'Aune de Paris ; ainsi qu'on le voit à la deuxieme Table des marchandises qui se vendent à l'Aune page 2 à la colonne de Paris.

Maniere de faire les operations des Livres pesant par Regle.

La livre d'une certaine marchandise coûte à PARIS 10. liv. on demande à combien reviendra la Livre de Montpellier.

Dites par Regle de Trois,

Si 9216. Grains dont la Livre de PARIS est composée coûtent 10. liv. combien coûteront 7680. Grains qui composent la Livre de Montpellier.

La Regle faite on aura pour réponse 8. liv. 6. s. 8. d. pour le prix de la Livre de Montpellier ; ainsi qu'on le voit à la premiere Table des marchandises qui se vendent à la Livre pesant, page 7. à la colonne de Montpellier.

CONTRAIRE.

La Livre d'une certaine marchandise coûte à MONTPELLIER 10. liv. on demande à combien reviendra la Livre de PARIS.

Dites par Regle de Trois,

Si 7680. Grains dont la Livre de Montpellier est composée coûtent 10. liv. combien coûteront 9216. Grains qui composent la Livre de Paris.

La Regle faite on aura pour réponse 12. livres pour le prix de la Livre de Montpellier ; ainsi qu'on le voit à la sixieme Table des marchandises qui se vendent à la Livre pesant, page 12. à la colonne de Paris.

CATALOGUE
DES OUVRAGES

Que le Sieur GIRAUDEAU NEVEU *a donnez au Public, & de ceux qu'il donnera incessamment.*

IL A DONNÉ

LE Tarif general pour le CINQUANTIEME en Argent, lequel peut servir aussi pour toute sorte de rentes à deux pour cent; avec les Edits, Declarations, Arrêts, Memoires & Reglemens concernant le Cinquantieme, in 8°

LES ARBITRAGES de la France faits pour la Hollande, l'Angleterre, Hambourg, Geneve, l'Espagne & l'Italie; premiere & nouvelle Edition: la nouvelle calculée au rapport de 96. deniers de gros de Banque pour un Ecu de Change, sur le cours present des Especes en Espagne, & augmentée d'une colonne qui contient le prix auquel revient le Marc d'argent en France, proportionellement à tous les Changes, & de la maniere de faire les operations; les deux Edit. ensemble, in 8°

LES POIDS & MESURES des principales Places de Commerce de l'Europe, réduits en Poids, Mesures & Argent de France sur toute sorte de prix de Change. *Premiere Partie*; dans laquelle on trouve sans calculer le prix auquel revient l'Aune & la Livre pesant des marchandises qu'on peut tirer de toutes les Villes du Royaume; avec la maniere de faire les operations par Regle.

IL DONNERA INCESSAMMENT

LE GUIDE DES BANQUIERS DE L'EUROPE ; ou les Comptes faits en Monnoyes étrangeres pour quelques Lettres de Change que ce soit, tirées & négociées de l'une à l'autre des principales Places de Commerce de l'Europe : avec un nouveau Traité d'Arbitrages que l'on trouve fait à l'ouverture du Livre. *Sous presse.* 3. vol. in 4°

L'ECOLE DU COMMERCE de Terre, de Mer & de Banque, où l'on apprend à tenir en parties doubles les principaux Livres des Négocians, Banquiers, Armateurs & Directeurs des Manufactures : avec le modele des Ecritures que doit tenir une Compagnie. in 4°

LE COMMERCE EN DETAIL réduit en parties doubles ; ou Instruction generale de toutes les Ecritures que les Marchands en détail doivent tenir : avec le modele des Lettres qu'ils ont occasion d'écrire au sujet de leur négoce. in 8°

LES QUATRE SOLS pour Livre, calculez & ajoûtez exactement en un seul produit à toutes sortes de sommes, à commencer par un denier jusqu'à cent mil livres. in 4°

Outre les Ouvrages ci-dessus, & pour lesquels l'Auteur a obtenu des Privileges generaux, on se dispose à donner

LE COMMERCE GENERAL de la France, &
LE STILE des Banquiers.

TABLE

Pour les marchandiſes qui ſe vendent à l'Aune.

Pour les marchandiſes qui ſe vendent à la Livre peſant.

MANIERE

Pour trouver le prix de l'Aune.

L'AUNE d'une certaine marchandise coûte à Paris 80. liv. on demande à combien revient l'aune de Troyes ?

Cherchez à la page 1. la Table de Paris, vous trouverez que l'aune de Paris à 80. liv fait celle de Troyes, à 53. liv. 6. s. 8. den.

S'il se rencontroit que le prix connu fût composé de 89. l. 15. sols,

on prendra pour	80. & on aura	53. l.	6. s.	8. d.
	9.		6.	
	15		10.	
	89. 15.	59.	16.	8.

Le même exemple suffira pour les marchandises qui se vendent à la livre pesant.

Pour prevenir & éviter les Editions contrefaites, j'ai crû devoir signer tous les Exemplaires en cet endroit.

Giraudeau

PREMIERE TABLE

Pour les marchandises, qui se vendent à l'Aune.

PARIS, LYON, ROUEN, BORDEAUX, LA ROCHELLE, NANTES &c.

L'Aune de Paris, Lyon, &c.	L'aune d'Amiens, Arras, & Lille.	La Canne de Marseille, Montpellier, Avignon &c.	La Canne de Toulouse, Carcassonne, &c.	L'Aune de Troyes,
100 l .	59 l 16 s 11 d	166 l. 13 s 4 d	150 l. . d	66 l 13 s 4 d
90 .	53 17 2.	150 .	135	60 .
80 .	47 17 6.	133 6 8.	120	53 6 8.
70 .	41 17 10.	116 13 4.	105	46 13 4.
60 .	35 18 1	100 .	90	40 .
50 .	29 18 5.	83 6 8.	75	33 6 8.
40 .	23 18 9.	66 13 4.	60	26 13 4.
30 .	17 19 .	50 .	45	20 .
20 .	11 19 4.	33 6 8.	30	13 6 8.
10 .	5 19 8.	16 13 4.	15	6 13 4.
9 .	5 7 8.	15 .	13 10	6 .
8 .	4 15 8.	13 6 8.	12	5 6 8.
7 .	4 3 9.	11 13 4.	10 10	1 13 4.
6 .	3 11 9.	10 .	9	4 .
5 .	2 19 10.	8 6 8.	7 10	3 6 8.
4 .	2 7 10.	6 13 4.	6 .	2 13 4.
3 .	1 15 10.	5 .	4 10	2 .
2 .	1 3 11.	3 6 8.	3	1 6 8.
1 .	11 11.	1 13 4.	1 10	13 4.
15 s.	8 11.	1 5 .	1 2 6	10 .
10 .	5 11.	16 8.	15	6 8
5 .	2 11.	8 4.	7 6	3 4.
4 .	2 4.	6 8.	6	2 8.
3 .	1 9.	5 .	4 6	2 .
2 .	1 2.	3 4.	3	1 4.
1 .	7.	1 8.	1 6	8.

SECONDE TABLE

Pour les marchandiſes qui ſe vendent à l'Aune.

AMIENS, ARRAS & LILLE.

L'Aune d'Amiens, Arras, & Lille.	L'Aune de PARIS, Lyon, &c.	La Canne de Marſeille, Montpellier, Avignon &c.	La Canne de Toulouſe, Carcaſſonne, &c.	L'Aune de Troyes.
100 l.	167l 1ſ 9d	278l 9ſ 7d	250l 12ſ 7d	111l 7 10d
90	150 7 6	250 12 7	225 11 3	100 5
80	133 13 4	222 15 8	200 10	89 2 3
70	116 19 2	194 18 8	175 8 9	77 19 6
60	100 5	167 1 9	150 7 6	66 16 8
50	83 10 10	133 4 9	125 6 3	55 13 11
40	66 16 8	111 7 10	100 5	44 11 1
30	50 2 6	83 10 10	75 3 9	33 8 4
20	33 8 4	55 13 11	50 2 6	22 5 6
10	16 14 2	27 16 11	25 1 3	11 2 9
9	15 9	25 1 2	22 11 1	10 5
8	13 7 4	22 5 6	20 1	8 18 2
7	11 13 11	19 9 10	17 10 10	7 15 1
6	10 6	16 14 1	15 9	6 13 7
5	8 7 1	13 18 5	12 10 7	5 11 4
4	6 13 8	11 2 9	10 6	4 9 1
3	5 3	8 7	7 10 4	3 6 9
2	3 6 10	5 11 4	5 3	2 4 6
1	1 13 5	2 15 8	2 10 1	1 2 3
15ſ	1 5	2 1 9	1 17 6	16 7
10	16 8	1 7 10	1 5	11 1
5	8 4	13 11	12 6	5 6
4	6 8	11 1	10	4 5
3	5	8 4	7 6	3 3
2	3 4	5 6	5	2 2
1	1 8	2 9	2 6	1 1

TROISIEME TABLE

Pour les marchandises qui se vendent à l'Aune.

MARSEILLE, MONTPELLIER, & AVIGNON.

La Canne de Marseille, Montpellier, Avignon &c.	L'Aune de Paris, Lyon, &c.			L'Aune d'Amiens, Arras, & Lille.			La Canne de Toulouse, Carcassonne, &c.			L'Aune de Troyes.		
100l	60l	s	d	35l	18s	2d	90l	s	d	43l	8s	2d
90	54			32	6	4	81			39	1	4
80	48			28	14	6	72			34	14	6
70	42			25	2	8	63			30	7	8
60	36			21	10	10	54			26		10
50	30			17	19	1	45			21	14	1
40	24			14	7	3	36			17	7	3
30	18			10	15	5	27			13		5
20	12			7	3	7	18			8	13	7
10	6			3	11	9	9			4	6	9
9	5	8		3	4	6	8	2		3	18	
8	4	16		2	17	4	7	4		3	9	4
7	4	4		2	10	2	6	6		3		8
6	3	12		2	3		5	8		2	12	
5	3			1	15	10	4	10		2	3	4
4	2	8		1	8	8	3	12		1	14	8
3	1	16		1	1	6	2	14		1	6	
2	1	4			14	4	1	16			17	4
1		12			7	2		18			8	8
15s		9			5	4		13	6		6	6
10		6			3	7		9			4	4
5		3			1	9		4	6		2	2
4		2	4		1			3	7		1	8
3		1	9			9		2	8		1	3
2		1	2			6		1	9			10
1			7			3			10			5

QUATRIEME TABLE

Pour les marchandises qui se vendent à l'Aune.

TOULOUSE, CARCASSONNE, &c.

La Canne de Toulouse, Carcassonne, &c.	L'Aune de Paris, Lyon, &c.	L'Aune d'Amiens, Arras, & Lille.	La Canne de Marseille, Montpellier Avignon, &c.	L'Aune de Troyes.
100 l.	66 l 13 s 4 d	39 l 17 s 11 d	111 l 2 s 2 d	44 l 8 s 3 d
90	60	35 18 1	99 19 11	39 19 5
80	53 6 8	31 18 4	88 17 8	35 10 7
70	46 13 4	27 18 6	77 15 6	31 1 9
60	40	23 18 9	66 13 3	26 12 11
50	33 6 8	19 18 11	55 11 1	22 4 1
40	26 13 4	15 19 2	44 8 10	17 15 3
30	20	11 19 4	33 6 7	13 6 5
20	13 6 8	7 19 7	22 4 5	8 17 7
10	6 13 4	3 19 9	11 2 2	4 8 9
9	6	3 11 9	9 19 11	3 19 10
8	5 6 8	3 3 9	8 17 8	3 11
7	4 13 4	2 15 9	7 15 6	3 2 1
6	4	2 7 10	6 13 3	2 13 3
5	3 6 8	1 19 10	5 11 1	2 4 4
4	2 13 4	1 11 10	4 8 10	1 15 6
3	2	1 11	3 6 7	1 6 7
2	1 6 8	15 11	2 4 5	17 9
1	13 4	7 11	1 2 2	8 10
15 s	10	5 11	16 7	6 7
10	6 8	3 11	11 1	4 5
5	3 4	1 11	5 6	2 2
4	2 8	1 7	4 5	1 9
3	2	1 2	3 4	1 3
2	1 4	9	2 2	10
1	8	4	1 1	5

5

CINQUIEME TABLE

Pour les marchandises qui se vendent à l'Aune.

TROYES en Champagne.

L'Aune de Troyes.	L'Aune de Paris, Lyon, &c.	L'Aune d'Amiens, Arras, & Lille.	La Canne de Marseille, Montpellier Avignon &c.	La Canne de Toulouse, Carcassonne, &c.
100 l. .	150 l s d	89 l 15 s 5 d	250 l s d	225 l s d
90 .	135 .	80 15 10.	225 .	202. 10
80 .	120 .	71 16 4.	200	180
70 .	105 .	62 16 9.	175 .	157 10
60 .	90 .	53 17 3.	150 .	135
50 .	75 .	44 17 8.	125 .	112. 10
40 .	60 .	35 18 2.	100 .	90
30 .	45 .	26 18 7.	75 .	67 10
20 .	30 .	17 19 1.	50 .	45
10 .	15 .	8 19 6.	25 .	22 10
9 .	13 10 .	8 1 6.	22 10 .	20 5
8 .	12 .	7 3 7.	20 .	18
7 .	10 10 .	6 5 7.	17 10 .	15 15
6 .	9 .	5 7 8.	15 .	13 10
5 .	7 10 .	4 9 9.	12 10 .	11 5
4 .	6 .	3 11 9.	10 .	9
3 .	4 10 .	2 13 10.	7 10 .	6 15
2 .	3 .	1 15 10.	5 .	4 10
1 .	1 10 .	17 11.	2 10 .	2 5
15 s .	1 2 6.	13 5.	1 17 6.	1 13
10 .	15 .	8 11.	1 5 .	1 2
5 .	7 6.	4 5.	12 6.	11
4 .	6 .	3 7.	10 .	9
3 .	4 6.	2 8.	7 6.	6 9
2 .	3 .	1 9.	5 .	4 6
1 .	1 6.	10.	2 6.	2 3

PREMIERE TABLE

Pour les marchandiſes qui ſe vendent à la Livre peſant.

PARIS, BORDEAUX, BESANÇON, STRASBOURG.

Paris.	*Lyon.*	*Rouen.*	*La Rochelle.*	*Marſeille.*	*Montpellier.*	*Toulouſe.*	*Amiens.*
10 l	8l 11ſ 10d	10l 7ſ 9d	10l 1ſ 6d	8l 2ſ 6d	8l 6ſ 8d	8l 8ſ 9d	8l 15ſ d
9	7 14 7	9 6 11	9 1 4	7 6 3	7 10	7 11 10	7 17 6
8	6 17 5	8 6 2	8 1 2	6 10	6 13 4	6 15	7
7	6 3	7 5 5	7 1	5 3 9	5 16 8	5 18 1	6 2 6
6	5 3 1	6 4 7	6 10	4 17 6	5	5 1 3	5 5
5	4 5 11	5 3 10	5 9	4 1 3	4 3 4	4 4 4	4 7 6
4	3 8 8	4 3 1	4 7	3 5	3 6 8	3 7 6	3 10
3	2 11 6	3 2 3	3 5	2 8 6	2 10	2 10 7	2 12 6
2	1 14 4	2 1 6	2 3	1 12 6	1 13 4	1 13 9	1 15
1	17 2	1 9	1 1	16 3	16 8	16 10	17 6
15	12 10	15 6	15	12 1	12 6	12 7	13 1
10	8 7	10 4	10	8 1	8 4	8 5	8 9
5	4 3	5 2	5	4	4 2	4 2	4 4
4	3 5	4 1	4	3 3	3 4	3 4	3 6
3	2 6	3	3	2 5	2 6	2 6	2 7
2	1 8	2	2	1 7	1 8	1 8	1 9
1	10	1	1	9	10	10	10

EXPLICATION. La premiere colonne contient le prix de la Livre peſant à PARIS, les autres colonnes contiennent le prix auquel revient la Livre des Villes dont les noms ſont au haut des colonnes.

DEUXIEME TABLE

Pour les marchandises qui se vendent à la Livre pesant.

LYON.

Lyon	*Rouen.*	*La Rochelle.*	*Marseille*	*Montpellier.*	*Toulouse.*	*Amiens.*	*Paris.*
10 l	12l 1s 9d	11l 14s 6d	9l 9s 1d	9l 13s 11d	9l 16s 5d	10l 3s 7d	11l 12s 8d
9	10 17 6	10 11	8 10 2	8 14 6	8 16 9	9 3 2	10 9 4
8	9 13 4	9 7 7	7 11 3	7 15 1	7 17 1	8 2 10	9 6 1
7	8 9 2	8 4 1	6 12 4	6 15 8	6 17 5	7 2 6	8 2 10
6	7 5	7 8	5 13 5	5 16 4	5 17 10	6 2 1	6 19 7
5	6 10	5 17 3	4 14 6	4 16 11	4 18 2	5 1 9	5 16 4
4	4 16 8	4 13 9	3 15 7	3 17 6	3 18 6	4 1 5	4 13
3	3 12 6	3 10 4	2 16 8	2 18 2	2 18 11	3 1 [illegible]	3 9 9
2	2 8 4	2 6 10	1 17 9	1 18 9	1 19 3	2 2 8	2 6 6
1	1 4 2	1 3 5	18 10	19 4	19 7	1 4	1 3 3
15	18 1	17 6	14 1	14 6	14 7	15 3	17 5
10	12 1	11 8	9 5	9 8	9 9	10 2	11 7
5	6	5 10	4 8	4 10	4 10	5 1	5 9
4	4 10	4 8	3 9	3 10	3 6	4	4 7
3	3 7	3 6	2 9	2 10	2 7	3	3 5
2	2 5	2 4	1 10	1 11	1 9	2	2 5
1	1 2	1 2	11	11	10	1	1 1

Explication. La premiere colonne contient le prix de la Livre pesant à Lyon ; les autres colonnes contiennent le prix auquel revient la Livre des Villes dont les noms sont au haut des colonnes.

TROISIEME TABLE

Pour les marchandiſes qui ſe vendent à la Livre peſant ROUEN.

Rouen.	*La Rochelle.*	*Marſeille.*	*Montpellier.*	*Toulouſe.*	*Amiens.*	*Paris.*	*Lyon.*
10 l	9l 13ſ 11d	7l 16ſ 4d	8l 4ſ d	8l 2ſ 4d	8l 8ſ 5d	9l 12ſ 6d	8l 5ſ 4d
9	8 14 6	7 8	7 7 7	7 6 1	7 11 6	8 13 3	7 8 9
8	7 15 1	6 5	6 11 2	6 9 10	6 14 8	7 14	6 12 3
7	6 15 8	5 9 5	5 14 9	5 13 7	5 17 10	6 14 9	5 15 8
6	5 16 4	4 3 9	4 18 4	4 17 4	5 1	5 15 6	4 19 2
5	4 16 11	3 18 2	4 2	4 1 2	4 4 2	4 16 3	4 2 8
4	3 17 6	3 2 6	3 5 7	3 4 11	3 7 4	3 17	3 5 1
3	2 18 2	2 6 10	2 9 2	2 8 8	2 10 6	2 17 9	2 8 7
2	1 18 9	1 11 3	1 12 9	1 12 5	1 13 8	1 18 6	1 12
1	19 4	15 7	16 4	16 2	16 10	19 3	16 6
15ſ	14 6	11 7	12 3	12 1	12 7	14 5	12 4
10	9 8	7 9	8 2	8 1	8 5	9 7	8 3
5	4 10	3 10	4 1	4	4 2	4 9	4 1
4	3 10	3 1	3 3	3 2	3 4	3 10	3 3
3	2 10	2 3	2 5	2 4	2 6	2 10	2 5
2	1 11	1 6	1 7	1 7	1 8	1 11	1 7
1	11	9	9	9	10	11	9

EXPLICATION. La premiere colonne contient le prix de la Livre peſant à ROUEN ; les autres colonnes contiennent le prix auquel revient la Livre des Villes dont les noms ſont au haut des colonnes.

QUATRIEME TABLE

Pour les marchandises qui se vendent à la Livre pesant.

LA ROCHELLE.

La Rochelle.	*Marseille.*	*Montpellier.*	*Toulouse.*	*Amiens.*	*Paris.*	*Lyon.*	*Rou*
10l	8l 1f 2d	8l 5f 4d	8l 7f 6d	8l 13f 7d	9l 18 5d	8l 10f 6d	10l 6f 2d
9	7 5	7 8 9	7 10 9	7 16 2	8 18 6	7 13 5	9 5 6
8	6 8 11	6 12 3	6 14	6 18 10	7 18 8	6 16 5	8 4 11
7	5 12 9	5 15 8	5 17 3	6 1 6	6 18 10	5 19 4	7 4 3
6	4 16 8	4 19 2	5 6	5 4 1	5 19	5 2 3	6 3 8
5	4 7	4 2 8	4 3 9	4 6 9	4 19 2	4 5 3	5 3 1
4	3 4 5	3 6 1	3 7	3 9 5	3 19 4	3 8 2	4 2 5
3	2 8 4	2 9 7	2 10 3	2 12	2 19 6	2 11 1	3 1 10
2	1 12 2	1 18	1 13 6	1 14 8	1 19 8	1 14 1	2 1 2
1	1 16 1	16 6	16 9	17 4	19 10	17	1 7
15	12 9	12 4	14 6	13	13 10	12 9	15 5
10	8 6	8 3	8 4	8 8	9 11	8 6	10 3
5	4 3	4 1	4 2	4 4	4 11	4 3	5 1
4	3 2	3 6	3 4	3 3	3 11	3 2	4 1
3	2 4	2 7	2 6	2 5	2 11	2 4	3
2	1 7	1 9	1 8	1 7	1 11	1 7	2
1	9	10	10	9	11	9	1

EXPLICATION. La premiere colonne contient le prix de la Livre pesant à LA ROCHELLE ; les autres colonnes contiennent le prix auquel revient la Livre des Villes dont les noms sont au haut des colonnes.

CINQUIEME TABLE

Pour les marchandises qui se vendent à la Livre pesant.

MARSEILLE.

Marseille.		*Montpellier.*			*Toulouse.*			*Amiens*			*Paris.*			*Lyon.*			*Rouen.*			*La Rochelle.*		
10l		10l	5s	1d	10l	7s	9d	10l	15s	4d	12l	6s	1d	10	11s	6d	12l	15s	9d	12l	8s	d
9		9	4	6	9	6	11	9	13	9	11	1	5	9	10	4	11	10	2	11	3	2
8		8	4		8	6	2	8	12	3	9	16	10	8	9	2	10	4	7	9	18	4
7		7	3	6	7	5	5	7	10	8	8	12	3	7	8		8	19		8	13	7
6		6	3		6	4	7	6	9	2	7	7	7	6	6	10	7	13	5	7	8	9
5		5	2	6	5	3	10	5	7	8	6	3		5	5	9	6	7	10	6	4	
4		4	2		4	3	1	4	6	1	4	18	5	4	4	7	5	2	3	4	19	2
3		3	1	6	3	2	3	3	4	7	3	13	9	3	3	5	3	16	8	3	14	4
2		2	1		2	1	6	2	3		2	9	2	2	2	3	2	11	1	2	9	7
1		1		6	1		9	1	1	6	1	4	7	1	1	1	1	5	6	1	4	9
	15		15	4		15	6		16	1		18	5		15	9		19	1		18	6
	10		10	3		10	4		10	9		12	3		10	6		12	9		12	4
	5		5	1		5	2		5	4		6	1		5	3		6	4		6	2
	4		4	1		4	1		4	3		4	11		4	2		5	1		4	11
	3		3			3	1		3	1		3	8		3	1		3	9		3	8
	2		2			2			2	1		2	5		2	1		2	6		2	5
	1		1			1			1			1	2		1			1	3		1	2

EXPLICATION. La premiere colonne contient le prix de la Livre pesant à MARSEILLE ; les autres colonnes contiennent le prix auquel revient la Livre des Villes dont les noms sont au haut des colonnes.

SIXIEME TABLE

Pour les marchandiſes qui ſe vendent à la Livre peſant.

MONTPELLIER.

Montpellier		*Toulouse*			*Amiens.*		*Paris.*			*Lyon.*			*Rouen.*			*La Rochelle.*			*Marseille.*		
10l		10l	2ſ	7d	10l	10ſ	12l	ſ	d	10l	6ſ	3d	12l	9ſ	4d	12l	1ſ	10d	9l	15ſ	d
9		9	2	3	9	9	10	16		9	5	7	11	4	4	10	17	7	8	15	6
8		8	2		8	8	9	12		8	5		9	19	5	9	13	5	7	16	
7		7	1	9	7	7	8	8		7	4	4	8	14	6	8	9	3	6	16	6
6		6	1	6	6	6	7	4		6	3	9	7	9	7	7	5	1	5	17	
5		5	1	3	5	5	6			5	3	1	6	4	8	6		11	4	17	6
4		4	1		4	4	4	16		4	2	6	4	19	8	4	16	8	3	18	
3		3		9	3	3	3	12		3	1	10	3	14	9	3	12	6	2	18	6
2		2		6	2	2	2	8		2	1	3	2	9	10	2	8	4	1	19	
1		1		3	1	1	1	4		1		7	1	4	11	1	4	2		19	6
	15		15	2		15		18			15	5		18	8		18	1		14	7
	10		10	1		10		12			10	3		12	5		12	1		9	9
	5		5			5		6			5	1		6	2		6			4	10
	4		4			4		4	9		4	1		4	11		4	10		3	10
	3		3			3		3	7		3			3	8		3	7		2	11
	2		2			2		2	4		2			2	5		2	5		1	11
	1		1			1		1	2		1			1	2		1	2			11

EXPLICATION. La premiere colonne contient le prix de la Livre peſant à MONTPELLIER ; les autres colonnes contiennent le prix auquel revient la Livre des Villes dont les noms ſont au haut des coloones.

SEPTIEME TABLE

Pour les marchandiſes qui ſe vendent à la Livre peſant.

TOULOUSE.

Toulouse		[illegible]			Paris			Lyon			Rouen			La Roche[illegible]			[illegible]			[illegible]		
10l		10l	7ſ	3d	11l	16ſ	11d	10l	3ſ	7d	12l	6ſ	2d	11l	18ſ	9d	9l	12ſ	6d	9l	17ſ	5d
9		9	6	6	10	13	2	9	3	2	11	1	6	10	14	10	8	13	3	8	17	8
8		8	5	9	9	9	6	8	2	10	9	16	11	9	11		7	14		7	17	11
7		7	5		8	5	10	7	2	6	8	12	3	8	7	1	6	14	9	6	18	2
6		6	4	4	7	2	1	6	2	1	7	7	8	7	3	3	5	15	6	5	18	5
5		5	3	7	5	18	5	5	1	9	6	3	1	5	19	4	4	16	3	4	18	8
4		4	2	10	4	14	9	4	1	5	4	18	5	4	15	6	3	17		3	18	11
3		3	2	2	3	11		3	1		3	13	10	3	11	7	2	17	9	2	19	2
2		2	1	5	2	7	4	2		8	2	9	2	2	7	9	1	18	6	1	19	5
1		1		8	1	3	8	1		4	1	4	7	1	3	10		19	3		19	8
	15		15	6		17	9		15	3		18	5		17	10		14	5		14	9
	10		10	4		11	10		10	2		12	3		11	11		9	7		9	10
	5		5	2		5	11		5	1		6	1		5	11		4	9		4	11
	4		4	1		4	8		4			4	11		4	9		3	10		3	11
	3		3	1		3	6		3			3	8		3	6		2	10		2	11
	2		2			2	4		2			2	5		2	4		1	11		1	11
	1		1			1	2		1			1	2		1	2			11			11

EXPLICATION. La premiere colonne contient le prix de la Livre peſant à TOULOUSE ; les autres colonnes contiennent le prix auquel revient la Livre des Villes dont les noms ſont au haut des colonnes.

HUITIEME TABLE

Pour les marchandises qui se vendent à la Livre pesant.

AMIENS.

Amiens.	*Paris.*			*Lyon.*			*Rouen.*			*La Rochelle*			*Marseille.*			*Montpellier.*			*Toulouse.*		
10	8l	15s	d	9l	16s	5d	11l	17s	6d	11l	10s	4d	9l	5s	8d	9l	10s	5d	9l	12s	11d
9	7	17	6	8	16	9	10	13	9	10	7	3	8	7	1	8	11	4	8	13	7
8	7			7	17	1	9	10		9	4	3	7	8	6	7	12	4	7	14	4
7	6	2	6	6	17	5	8	6	3	8	1	2	6	9	11	6	13	3	6	15	
6	5	5		5	17	10	7	2	6	6	18	2	5	11	4	5	14	3	5	16	9
5	4	7	6	4	18	2	5	18	9	5	15	2	4	12	10	4	15	2	4	17	5
4	3	10		3	18	6	4	15		4	12	1	3	14	3	3	16	2	3	18	2
3	2	12	6	2	18	11	3	11	3	3	9	1	2	15	8	2	17	1	2	18	10
2	1	15		1	19	3	2	7	6	2	6		1	17	1	1	18	1	1	19	7
1		17	6		19	7	1	3	9	1	3			18	6		19			19	3
15		13	1		14	8		17	9		17	3		13	10		14	3		14	5
10		8	9		9	9		11	10		11	6		9	3		9	6		9	7
5		4	4		4	10		5	11		5	9		4	7		4	9		4	9
4		3	6		3	11		4	9		4	7		3	8		3	9		3	7
3		2	7		2	11		3	6		3	5		2	9		2	9		2	8
2		1	9		1	11		2	4		2	3		1	10		1	10		1	9
1			10			11		1	2		1	1			11			11			10

EXPLICATION. La premiere colonne contient le prix de la Livre pesant à AMIENS ; les autres colonnes contiennent le prix auquel revient la Livre des Villes dont les noms sont au haut des colonnes.

APPROBATION.

VU par l'ordre de Monseigneur le Garde des Sceaux le 12. Mars 1726.

Signé SAURIN.

PRIVILEGE DU ROY.

LOUIS par la Grace de Dieu Roy de France & de Navarre A nos amés & feaux Conseillers les Gens tenans nos Cours de Parlement, Maîtres des Requêtes ordinaires de notre Hôtel, Grand-Conseil, Prevôt de Paris, Baillifs, Senechaux, leurs Lieutenans Civils & autres nos Justiciers qu'il appartiendra, SALUT. Notre bien amé le Sieur GIRAUDEAU NEVEU, Nous aiant fait exposer qu'il souhaiteroit faire imprimer & donner au Public un Ouvrage de sa composition qui a pour titre : *Les Poids & Mesures des principales Places de Commerce de l'Europe, reduits en Poids, Mesures & Argent de France, sur toute sorte de prix de Changes* Mais craignant que d'autres personnes ne voulussent profiter du fruit de son travail, ce qui lui feroit un tort considerable, il Nous auroit pour cet effet fait supplier de vouloir bien lui accorder nos Lettres de Privilege sur ce nécessaires, offrant pour cet effet de le faire imprimer en bon papier & en beaux caracteres suivant la feuille imprimée & attachée pour modèle sous le contrescel des Presentes. A CES CAUSES voulant favorablement traiter ledit Sieur Exposant, Nous lui avons permis & permettons par ces Presentes de faire imprimer ledit Livre ci-dessus specifié en un ou plusieurs volumes, conjointement ou séparément, & autant de fois que bon lui semblera, sur papier & caracteres conformes à ladite feuille imprimée & attachée pour modèle sous notredit contre-scel ; & de le vendre, faire vendre & débiter par tout notre Roïaume pendant le tems de huit années consecutives, à compter du jour de la date desdites Presentes. Faisons défenses à toutes sortes de personnes de quelque qualité & condition qu'elles soient d'en introduire d'impression étrangere dans aucun lieu de notre obeissance : comme aussi à tous Libraires, Imprimeurs & autres d'imprimer, faire imprimer, vendre, faire vendre, débiter ni contrefaire ledit Livre ci-dessus exposé, en tout ni en partie, ni d'en faire aucuns extraits sous quelque prétexte que ce soit d'augmentation, correction, changement de titre, ou autrement, sans la permission expresse & par écrit duditSieur Exposant ou de ceux qui auront droit de lui, à peine de confiscation des Exemplaires contrefaits, de quinze cens livres d'amende contre chacun des contrevenans, dont un tiers à Nous, un tiers à l'Hôtel-Dieu de Paris, l'autre tiers audit Exposant, & de tous dépens, dommages & interêts. A la charge que ces Presentes seront enregistrées tout au long sur le Registre de la Communauté des Libraires & Imprimeurs de Paris, & ce dans trois mois de la datte d'icelles; que l'impression de ce Livre sera faite dans notre Roiaume & non ailleurs, & que l'Impetrant se conformera en tout aux Règlemens de la Librairie, & notamment à celui du dixieme Avril dernier; & qu'avant que de l'exposer en vente le Manuscrit ou Imprimé qui aura servi de copie à l'impression dudit Livre sera remis dans le même état où l Approbations y aura été donneé, ès mains de notre très cher & feal Chevalier Garde des Sceaux de France le Sieur Fleuriau d'Armenonville Commandeur de nos Ordres; & qu'il en sera ensuite remis deux éxemplaires dans notre Bibliotheque publique, un dans celle de notre Château du Louvre, & un dans celle de notredit très-cher & feal Chevalier Garde des Sceaux de France le Sieur Fleuriau d'Armenonville Commandeur de nos Ordres, le tout à peine de nullité des Presentes: du contenu desquelles vous mandons & enjoignons de faire jouir l'Exposant ou ses aians cause pleinement & paisiblement, sans souffrir qu'il leur soit fait aucun trouble ou empêchement. Voulons que la copie desdites Presentes qui sera imprimée tout au long au commencement ou à la fin dudit Livre soit tenue pour duement signifiée, & qu'aux copies collationnées par l'un de nos amés & feaux Conseillers-Secretaires, foi soit ajoutée comme à l'original. Commandons au premier notre Huissier ou Sergent de faire pour l'execution d'icelles tous actes requis & necessaires sans demander autre permission; & nonobstant clameur de Hâro,

Charte Normande & Lettres à ce contraires : CAR TEL EST NOTRE PLAISIR. Donné à Paris le sixieme jour du mois de Juin l'an de grace mil sept cens vingt-cinq, & de notre Regne le onzieme. Signé par le Roy en son Conseil,

CARPOT.

J'ay cedé le present Privilege à Monsieur Jean-Baptiste Guymond, pour en jouir suivant le traité fait entre nous. A Paris le septiéme Juin 1726.

GIRAUDEAU NEVEU.

Registré ensemble la Cession sur le Registre VI. de la Chambre Roïale & Sindicale de la Librairie & Imprimerie de Paris n° 435. fol. 347. conformément au Règlement de 1723. qui fait défenses Art. IV. à toutes personnes de quelque qualité qu'elles soient, autres que les Libraires & Imprimeurs, de vendre, débiter & faire afficher aucuns Livres pour les vendre en leurs noms, soit qu'ils s'en disent les Auteurs, ou autrement. Et à la charge de fournir les Exemplaires prescrits par l'Art. CVIII. du même Règlement. A Paris le 7. Juin 1726. MARIETTE, *Sindic.*

RF

De l'Imprimerie de J. JOSSE, ruë S. Jacques.

www.ingramcontent.com/pod-product-compliance
Ingram Content Group UK Ltd.
Pitfield, Milton Keynes, MK11 3LW, UK
UKHW022210190726
13855UKWH00004B/1695

9 782013 090865